BEI GRIN MACHT SICH IHR WISSEN BEZAHLT

- Wir veröffentlichen Ihre Hausarbeit, Bachelor- und Masterarbeit

- Ihr eigenes eBook und Buch - weltweit in allen wichtigen Shops

- Verdienen Sie an jedem Verkauf

Jetzt bei www.GRIN.com hochladen und kostenlos publizieren

Konflikte zwischen Windkraftnutzung und Denkmalschutz

Thomas Majer

Bibliografische Information der Deutschen Nationalbibliothek:

Die Deutsche Nationalbibliothek verzeichnet diese Publikation in der Deutschen Nationalbibliografie; detaillierte bibliografische Daten sind im Internet über http://dnb.d-nb.de abrufbar.

ISBN: 9783346796950
Dieses Buch ist auch als E-Book erhältlich.

© GRIN Publishing GmbH
Nymphenburger Straße 86
80636 München

Druck und Bindung: Books on Demand GmbH, Norderstedt Germany
Gedruckt auf säurefreiem Papier aus verantwortungsvollen Quellen

Das Buch bei GRIN: https://www.grin.com/document/1316553

Windkraftnutzung und Denkmalschutz

Thomas Majer

Inhaltsverzeichnis

Abkürzungsverzeichnis

%	= Prozent
&	= und
§	= Paragraph
Abs.	= Absatz
Abb.	= Abbildung
Art.	= Artikel
AbyBO	= Bayerische Bauordnung
BayDSchG	= Bayerisches Denkmalschutzgesetz
BauGB	= Baugesetzbuch
BimSchG	= Bundes-Immissionsschutzgesetz
bzw.	= beziehungsweise
E-Mail	= electronic mail
Et al.	= und Andere
f.	= folgende
ff.	= fortfolgende
ggf.	= gegebenenfalls
http	= HyperText Markup Language
Nr.	= Nummer
o.J.	= ohne Jahresangabe
PDF	= Portable Document Format
S.	= Seite
SS	= Sommersemester
u.a.	= unter andern
usw.	= und so weiter
Vgl.	= Vergleiche
WWW	= World Wide Web
z.B.	= zum Beispiel

1. Einleitung

In Deutschland beschäftigen sich derzeit sämtliche Planer und Kommunen mit der Umsetzung der Energiewende. Für die Gewinnung von erneuerbaren Energien müssen im Rahmen der Regional- und Flächennutzungspläne geeignete Bereiche und Flächen gefunden werden. Die Schwierigkeit ist, dass Deutschland ein dicht besiedeltes Land ist. Hier kann es daher zu Konflikten aufgrund der Windkraftanlagen kommen. Mit dem Ausbau der Windkraftnutzung hat sich eine Kulturlandschaft neuen Typs entwickelt. Gewohnte Landschaftsbilder, die überwiegend aus Wäldern, Feldern und Städten bestehen, werden zunehmend durch sichtbare Windparks ergänzt. Der Zweck dieser Ergänzung des Landschaftsbildes durch Windkraftanlagen ist eine wichtige Aufgabe. Das Ziel ist es, die Energieversorgung auf erneuerbare Energieträger umzustellen.[1] Aufgrund der Reaktorkatastrophe in Fukushima in Japan hat sich die Energiepolitik in Deutschland und somit auch im Bundesland Bayern schlagartig geändert. Bayern hat ein Energiekonzept mit dem Titel „Energie innovativ" erstellt. Das Ziel ist es, bis 2021 die Hälfte des bayerischen Energiebedarfs aus Strom durch erneuerbare Energien zu gewinnen.[2] In Bayern sind die Belange Denkmalschutz und Klimaschutz gleichrangig.

Jedoch ist es eine Tatsache, dass für das Betreiben von Windkraftanlagen meistens windgünstige Höhenlagen benötigt werden. Diese Höhenlagen sind wiederum auch bevorzugte Standorte für denkmalgeschützte Bauten. Zu diesen Bauten gehören mittelalterliche Burgen, Kirchen, Befestigungsanlagen und Höhensiedlungen aus vergangener Zeit. Aufgrund dieses Zielkonflikts müssen die Belange des Denkmalschutzes ebenfalls berücksichtigt werden. Dies kann zur Folge haben, dass sich nach der Errichtung von Windkraftanlagen negative Einflüsse auf Denkmäler ergeben. Diese Einflüsse können das Erscheinungsbild eines Denkmals beeinträchtigen.[3]

---

[1] Vgl. Roth, E., & Hahn, M. (2014), S. 108.
[2] Vgl. Dirnberger, F., Hesse, C., Hummel, M., Schubert, M., & Linhart, J. (2012) , S. 1.
[3] Vgl. Bayrisches Landesamt für Denkmalpflege (2012). Beratungsrichtlinie 01 / 2012. Erneuerbare Energien. S. 1; S. 6.

2. Grenzen der Windkraftnutzung

In dem dicht besiedelten Deutschland werden daher dem Ausbau von Windkraftanlagen klare Grenzen gesetzt. Einerseits verhindert die Regionalplanung einen unkontrollierten Ausbau der Windkraftanlagen. Neben dieser raumordnungsrechtlichen Festlegung wird das Flächenpotenzial für Windkraftanlagen durch fachrechtliche und gemeinschaftsrechtliche Bestimmungen eingeschränkt (Ausschlussgebiete).[4] Aufgrund von Ausschlussgebieten soll der Windkraftausbau kontrollierbar und landschaftsschonender werden.[5] Aus diesem Grund muss der Aus- und Umbau der Stromerzeugung aus erneuerbaren Energien mit Hinblick auf Windkraftanlagen auf raum-, natur-, landschafts- und siedlungsverträgliche Standortareale konzentriert werden. In diesem Zusammenhang werden nicht nur Ausschlussgebiete, sondern auch Vorranggebiete und ergänzend dazu Vorbehaltsgebiete für die Windgewinnung festgelegt.[6]

3. Denkmalschutzverantwortung auf Landesebene

Zu den wichtigen Aufgaben der Landespolitik gehört der „Schutz, die Pflege und die Förderung von Kultur und Kunst". Es handelt sich hierbei um verfassungsrechtliche Verpflichtungen. Unter diese Verpflichtungen der Länder fällt auch der Denkmalschutz. Denkmalschutz ist generell Ländersache. Somit muss jedes der 16 Bundesländer für die Erhaltung (z.B. von Schlössern und Burgen) und die Denkmalpflege sorgen.[7]

---

[4] Vgl. Bosch, S. & Peyke, G. (2011).
[5] Vgl. Job, H. & Mayer, M. (2013), S. 128.
[6] Vgl. Regionaler Planungsverband Regensburg (2013). Entwurf, Regionalplan Region Regensburg (11) (2013). S, 5.
[7] Vgl. Wagner, B. (2009).

3.1. Denkmalschutz

Unter Denkmäler fallen Ruinen, Burgen, Schlösser, Kirchen und Klosteranlagen. Ebenso können ganze Städte und Dörfer denkmalgeschützt sein, wie z.b. "UNESCO-Welterbestätten". Ein Nebeneffekt der Denkmäler ist, dass diese beliebte Ausflugsziele von Touristen sind. Aus diesem Grund haben die Bundesländer (auch Bayern) ein weiteres Interesse daran, Baudenkmäler (siehe 3.2.) zu erhalten.[8] In Bayern sind von den ca. 8,1 Millionen baulichen Anlagen nicht einmal 1,5% Baudenkmäler.[9] Jedoch kann durch den Denkmalschutz und die Windkraftnutzung ein Zielkonflikt entstehen. Aus diesem Grund gibt es entsprechende gesetzliche Regelungen. Der § 35 Abs. 3 Nr. 5 des Baugesetzbuches schreibt vor, dass das Bauen im Außenbereich nicht zulässig ist, wenn u.a. Belange des Denkmalschutzes dagegensprechen. Es besteht die Gefahr, dass durch den Bau z.B. einer Windkraftanlage die Eigenart der Landschaft und der Erholungswert beeinträchtigt oder das Orts- und Landschaftsbild verunstaltet wird.[10] Aus diesem Grund gibt es auf Landesebene einen „Erlaubnisvorbehalt" bei der Beeinträchtigung von Baudenkmälern (nach Art. 6 BayDSchG). Eine denkmalschutzrechtliche Erlaubnis ist bei Windkraftanlagen erforderlich, da diese sich auf den Bestand oder das Erscheinungsbild des Denkmals negativ auswirken können. Eine Nichtgenehmigung („Versagung") der Windkraftanlage ist dann gegeben, wenn eine Beeinträchtigung auf das Denkmal in seiner besonderen Wirkung auf die Umgebung gegeben ist.[11] Somit ist das Bauen im Außenbereich aus Gründen des Denkmalschutzes (§ 35 Abs. 3 Nr. 5 BauGB) nicht zulässig.[12] Fraglich ist in diesem Zusammenhang, was unter einer solchen besonderen Wirkung genau zu verstehen ist. Tatsache ist, dass von erheblichen Störungen oder Zerstörungen ausgegangen wird, welche Windkraftanlagen verursachen. Hierzu zählt auch der negative Einfluss auf das Denkmal.

Um diese Auswirkungen zu vermeiden, muss schon in der Planungsphase der Denkmalschutz mitberücksichtigt werden. Eine (negative) Auswirkung könnte sich ergeben, wenn die Windkraftanlage so überdimensioniert erscheint, dass die Wirkung des Denkmals übertönt, erdrückt oder verdrängt wird. Das hat zur Folge, dass bei der Errichtung oder Fertigstellung der Windkraftanlage die Wirkung des Denkmals (teilweise) verloren geht.

---

[8] Vgl. Job, H. & Mayer, M. (2013), S. 133.
[9] Vgl. Bayrisches Landesamt für Denkmalpflege (2012). Beratungsrichtlinie 01 / 2012. Erneuerbare Energien. S. 1.
[10] Vgl. Bosch, S., & Peyke, G. (2011).
[11] Vgl. Dirnberger, F., Hesse, C., Hummel, M., Schubert, M., & Linhart, J. (2012) , S. 30.
[12] Vgl. Bosch, S., & Peyke, G. (2011).

Neben Baudenkmälern gibt es auch Bodendenkmäler (siehe 3.2.). Bei den Bodendenkmälern liegt die Problematik darin, dass noch vor der Errichtung der Anlage eine Zerstörung oder Beeinträchtigung stattfinden kann. Das bedeutet, die Energiegewinnung ist überhaupt nicht die Hauptursache für eine Gefährdung. Die eigentliche Gefährdung oder Beeinträchtigung ist durch die Arbeiten an der Windkraftanlage selbst gegeben. Das diese ein tiefes Fundament benötigen, wird durch mechanische Arbeitsvorgänge der Boden aufgewühlt und Bodendenkmäler können beschädigt werden.[13]

3.2. Denkmal und Behörden

Wie im Kapitel 3. angesprochen, ist Denkmalschutz Ländersache. In diesem Zusammenhang wird das Denkmalschutzgesetz von Bayern betrachtet. Obwohl der Denkmalschutz eine wichtige Angelegenheit ist, muss zunächst der Begriff des Denkmals genauer erläutert werden. Im bayerischen Denkmalschutzgesetz ist der Begriff genau definiert. Im Sinne des Art. 1 Abs. 1 BayDSchG ist ein Denkmal eine von Menschen geschaffene Sache oder Teile davon aus vergangener Zeit. Denkmäler müssen erhalten werden, da diese durch ihre „geschichtliche, künstlerische, städtebauliche, wissenschaftliche oder volkskundliche Bedeutung" derartig wichtig sind, dass sie im Interesse der Allgemeinheit liegen.

Das Bayerische Landesamt für Denkmalpflege ist für den Eintrag der Denkmäler in die Denkmalliste zuständig (nach Art. 2 Abs. 1 BayDSchG). In dieser Denkmalliste werden somit zahlreiche Baudenkmäler erfasst. Wie in Kapitel 3 erwähnt, zählen zu den Denkmälern auch Schlösser und Burgen. Der überwiegende Teil der Baudenkmäler, die in der Denkmalliste erfasst werden, sind Kirchen. Baudenkmäler müssen nicht zwingend Bauten sein. Baudenkmäler sind bauliche Anlagen (oder Teile davon), zu denen auch historische Ausstattungsstücke gehören (z. B. Möbel und Teppiche). Ebenso können Gartenanlagen Baudenkmäler sein. Daneben gibt es noch die bereits erwähnten Bodendenkmäler. Diese sind dadurch gekennzeichnet, dass sie Einzelfunde oder Siedlungsspuren beinhalten. Somit werden auch diese in der Denkmalliste erfasst. Neben dem Landesamt für Denkmalpflege gibt es

---

[13]Vgl. Job, H & Mayer, M. (2013), 133.

noch das Landratsamt. Das Landratsamt ist bezogen auf Denkmäler die eigentliche Genehmigungsbehörde.[14]

4. Konflikte aufgrund der Windkraftnutzung in Bayern

Die Windenergie spielte (vor der Energiewende) in Bayern eine untergeordnete Rolle. Die politischen Rahmenbedingungen und die geringe Ausbeute der Windnutzung (siehe Anhang Abb. 1) standen einer effizienten Windkraftnutzung entgegen. Durch den zunehmenden technischen Fortschritt können immer höhere Anlagen mit größeren Rotoren errichtet werden. Das hat zur Folge, dass die ungünstigen Windverhältnisse kein Hindernis mehr für die Windenergiegewinnung in Bayern darstellen.[15] Das bayerische Energiekonzept „Energie Innovativ" hat es sich zum Ziel gesetzt, fossile Energieressourcen zu schonen und dem steigenden Energiehunger der Welt entgegenzuwirken. Hinzu kommt die Reduzierung der Emissionen aus Gründen des Klimaschutzes.[16] Bayern verfolgt das Ziel, bis 2021 die Hälfte des Energiebedarfs aus Strom durch erneuerbare Energien zu gewinnen.[17] Mit dieser Haltung möchte Bayern alternative Energieformen nutzen, wobei die Windkraftnutzung hierbei eine wichtige Rolle einnimmt. Der Ausbau der Windenergie soll raum-, natur- und landschaftsverträglich erfolgen.[18] Ein unkontrollierter und landschaftszerstörender Ausbau soll verhindert werden. Des Weiteren sind öffentliche Belange (nach § 35 Abs. 3 Satz 1 Nr. 5 BauGB) bei der Planung von Windkraftanlagen miteinzubeziehen. Die Errichtung von Windkraftanlagen kann verhindert werden, wenn das Aufstellen einer Windkraftanlage das Orts- und Landschaftsbild negativ beeinträchtigt. Dieses Vorgehen ist auch im Interesse des Freistaats Bayern. Schließlich dient die intakte Landschaft auch dem Interesse, den Tourismus zu fördern. Der Tourismus wiederum konsumiert (z.B. werden Souvenirs und andere Produkte gekauft). Somit kommen die Steuereinnahmen durch den Konsum dem Freistaat zugute. Das bedeutet, für den Freistaat Bayern sind Denkmäler mit Sehenswürdigkeiten für Touristen gleichzusetzen. Ein weiterer Grund für den Denkmalschutz ist im Winderlass von Bayern ersichtlich. Hierbei spielen naturschutzrechtliche Gründe eine bedeutende Rolle. Somit müssen Ausschlussgebiete für Windkraftanlagen eingerichtet werden. Das bedeutet, die

---

[14] Vgl. Øverland, B. D. UVS 15 Schutzgut Kulturgüter und sonstige Sachgüter. S. 6 - 21.
[15] Vgl. Dirnberger, F., et al (2012), S. 3.
[16] Vgl. Staatsregierung, B. (2011).
[17] Vgl. Dirnberger, F., Hesse, C., Hummel, M., Schubert, M., & Linhart, J. (2012) , S. 1.
[18] Vgl. Schödl, D. (2013).

Nutzung wird in Nationalparks, Naturschutzgebieten, Kernzonen von Biosphären flächenhaften Naturdenkmälern und schützenden Landschaftsbestandteilen sowie anderen schützenswerten Gebieten grundsätzlich ausgeschlossen.[19]

4.1. Bestimmungen für Windkraftanlagen

Laut bayrischem Landesrecht (Art. 57 Abs. 1 Nr. 3b BayBO) sind Windkraftanlagen mit einer Gesamthöhe (Mast einschließlich Rotorenradius) bis zu 10 m verfahrensfrei und unterliegen keiner Baugenehmigung. Jedoch müssen andere Belange geprüft werden. Liegt die Gesamthöhe der Windkraftanlage über 10 m, ist die Anlage genehmigungspflichtig. Eine Einschränkung ist jedoch gegeben, wenn die Anlage nicht dem materiellen Recht entspricht (der sogenannten isolierten Abweichung nach Art. 63 BayBO). Das bedeutet, dass die Bauaufsichtsbehörde die Zuständigkeit hat. Ist die Windkraftanlage zwischen 10 m und 30 m hoch, ist ein vereinfachtes Baugenehmigungsverfahren gegeben (Art. 59 BayBO). Bei einer Gesamthöhe über 30 m wird (im Sinne des Art. 2 Abs. 4. BayBO) von einem Sonderbau gesprochen. Dann wird ein „herkömmliches Baugenehmigungsverfahren" durchgeführt. Ist die Anlage bis zu 50 m hoch, ist ein Regelbaugenehmigungsverfahren nach Art. 60 BayBO die Folge. Erst mit einer Gesamthöhe ab 50 m ist die Anlage aus immissionsschutzrechtlichen Gründen genehmigungspflichtig (4. BImSchV). Eine immissionsschutzrechtliche Genehmigung schließt auch baurechtliche Genehmigungen mit ein.[20] Hier soll gezeigt werden, dass aufgrund der Gesamthöhe der Windkraftanlage baurechtliche Konsequenzen berücksichtigt werden. Hinzu kommt die Prüfung nach dem Denkmalschutz, welcher den Bau einer Windkraftanlage verhindern kann. Mit zu berücksichtigen sind ebenfalls die Belange des Naturschutzes und der Landschaftspflege, Belange des Bodenschutzes, Belange der natürlichen Eigenart der Landschaft und ihres Erholungswertes und andere Belange. Dies sind ebenfalls wichtige Gründe, die in die Planung einer Windkraftanlage mit einfließen müssen.[21]

---

[19] Vgl. Job, H., Mayer, M. 128-130.
[20] Vgl. Dirnberger, F., et al (2012), S. 6f.
[21] Vgl. Job, H. & Mayer, M. (2013), S. 130.

4.2. Windkraft und Denkmalschutz anhand eines Beispiels

Was die Beeinträchtigung eines Denkmals angeht, hat das Urteil vom 18. Juli 2013 (Az. 22 B 12.1741) des Bayerischen Verwaltungsgerichtshofs den Denkmalschutz gestärkt. In dem Urteil wurde entschieden, dass „Belange des Denkmalschutzes im Einzelfall die Errichtung einer Windkraftanlage verhindern können". Das zuständige Landratsamt (Genehmigungsbehörde) hat dabei einer Betreibergesellschaft die immissionsschutzrechtliche Genehmigung für eine Windkraftanlage erteilt.[22]

Geklagt wurde aus Belangen des Immissionsschutzes, ebenso aus Belangen des Orts- und Landschaftsbilds, des Denkmalschutzes sowie des Artenschutzes. Ebenso wurde die geringe Auslastung der geplanten Windkraftanlage (wie in Kapitel 4 beschrieben) bemängelt. Die Windgeschwindigkeit von 4,5–5 m/s führt zu einer erreichbaren Nennleistung der Windkraftanlage von 25–30 % (laut Anhang: Abb. 1 ist dies ein Problem in ganz Bayern). Somit ist die Windkraftnutzung „unwirtschaftlich". Jedoch ist der Standort laut Regionalplan und Flächennutzungsplan geeignet. Ebenso stünden öffentliche Belange dem Vorhaben nicht entgegen. Das Gericht hat die unwirtschaftliche Nutzung als unternehmerisches Risiko dargestellt und daher nicht berücksichtigt.

Ebenso hat das Bayerische Landesamt für Denkmalpflege (Landesamt), welches für die fachliche Einschätzung des Denkmalwerts eines Baudenkmals und seiner Beeinträchtigung zuständig ist, Einwände gegen das Bauvorhaben erhoben. Die Genehmigungsbehörden sind jedoch nicht an fachliche Beurteilungen des Landesamts gebunden.

Das Gericht kam zu der Erkenntnis, dass die denkmalgeschützte künstlerische Wirkung durch eine „Innen-Außen-Blickbeziehung" gegeben ist. Das bezieht sich auf die Aussicht auf die Landschaft innerhalb des einen Denkmals (z.B. Schloss) und beinhaltet die Draufsicht auf ein anderes Denkmal. Hinzu kommt, dass das überlieferte Erscheinungsbild zu schützen ist. Das überlieferte Erscheinungsbild der Denkmäler ist zu schützen, wenn diese architektonisch in einer gewollten und gewachsenen Blickbeziehung zueinander stehen. Somit werden die historischen sozialen Beziehungen ihrer Erbauer untereinander sichtbar, wobei das Ortsbild maßgeblich geprägt wird. Der Errichtung einer auf einer Anhöhe über derartigen Baudenkmälern positionierten Windkraftanlage stehen Belange des Denkmalschutzes

---

[22] Vgl. http://lexegese.blogspot.de/2013/08/bayvgh-belange-des-denkmalschutzes.html (20.05.2014).

entgegen. Somit wäre die künstlerische Wirkung des „Welser-Schlosses" sowie das Erscheinungsbild der Baudenkmäler in Neunhof als Teil des Gesamtbildes mit dem Bau der Windkraftanlage erheblich beeinträchtigt worden.[23]

5. Kritik

Zwischen dem Ausbau erneuerbarer Energien und dem Denkmalschutz herrschen Konflikte. Eine Schwierigkeit ergibt sich aus der Genehmigung von Windkraftanlagen. Zu den Genehmigungsverfahren müssen noch andere Belange, wie etwa der Denkmalschutz, mitberücksichtigt werden.[24] Der Denkmalschutz ist eine verfassungsrechtliche Verpflichtung der Bundesländer und nicht des Bundes, das bedeutet, jedes Bundesland hat eigene Regelungen.[25] Das bedeutet auch, dass von den 16 Bundesländern auch 16 verschiedene Denkmalschutzgesetze vorliegen. Die Definition eines Denkmals ist in Bayern klar getroffen, ebenso sind die zuständigen Behörden gesetzlich (bayerisches Recht) geregelt. Eine Abweichung kann je nach Bundesland gegeben sein.[26] Hinzu kommt, dass Bayern beim Denkmalschutz nicht nur der Schutz des Denkmals, sondern auch der Schutz der Touristenattraktion wichtig ist.[27] Das Gerichtsurteil aus Kapitel 4.2. hat gezeigt, dass Denkmäler als Gesamtbild der Landschaft betrachtet werden. Auch wenn die zuständige Genehmigungsbehörde diesen Aspekt nicht berücksichtigt hat, hat sie doch viele weitere Aspekte mitberücksichtigt. Auch wenn der Denkmalschutz in diesem Fall gewonnen hat, muss die Energiewende in Deutschland umgesetzt werden.[28] Damit muss auch Bayern sein Ziel erreichen, bis 2021 die Hälfte des Energiebedarfs aus Strom durch erneuerbare Energien zu gewinnen.[29] Das bedeutet, dass in dem dicht besiedelten Deutschland noch mehrere Konflikte aufgrund von Windkraftanlagen auftreten werden. Einer Kulturlandschaft neuen Typs[30] wird so gut es geht entgegengewirkt, denn ein unkontrollierter und

---

[23]Vgl. http://www.gesetze-bayern.de/jportal/portal/page/bsbayprod.psml?doc.id=MWRE130002261&st=ent&showdoccase=1&paramfrom HL=true (23.05.2014).
[24] Vgl. Mutz, B. (2014).
[25] Vgl. Wagner, B. (2009).
[26] Vgl. Øverland, B. D. UVS 15 Schutzgut Kulturgüter und sonstige Sachgüter. S. 6 - 21.
[27] Vgl. Job, H., Mayer, M. 128-130.
[28] Vgl. Roth, E., & Hahn, M. (2014), S. 108.
[29] Vgl. Dirnberger, F., Hesse, C., Hummel, M., Schubert, M., & Linhart, J. (2012) , S. 1.
[30] Vgl. Roth, E., & Hahn, M. (2014), S. 108.

landschaftszerstörender Ausbau soll verhindert werden.[31] Ansonsten wäre die Folge unausweichlich, dass sich nach der Errichtung von Windkraftanlagen negative Einflüsse auf Denkmäler ergeben. Diese Einflüsse können das Erscheinungsbild eines Denkmals beeinträchtigen.[32]

6. Zusammenfassung

Im dicht besiedelten Deutschland werden dem Ausbau von Windkraftanlagen klare Grenzen gesetzt.[33] Aufgrund der Ausschlussgebiete soll der Windkraftausbau kontrollierbar und landschaftsschonend werden.[34]

Hierbei muss auch der Denkmalschutz berücksichtigt werden. Der Denkmalschutz ist eine verfassungsrechtliche Verpflichtung der Bundesländer.[35]

Unter Denkmäler fallen Ruinen, Burgen, Schlösser, Kirchen und Klosteranlagen. Ebenso können ganze Städte und Dörfer denkmalgeschützt sein. Jedoch sind Denkmäler ebenso aus der Perspektive des Tourismus schützenswert. Bayern hat großes Interesse daran, seine Denkmäler zu schützen.[36] In Bayern werden sowohl Baudenkmäler als auch Bodendenkmäler in eine Bayerische Denkmalliste vom Landesamt für Denkmalpflege eingetragen. Die Genehmigungsbehörde ist das Landratsamt.[37]

Konflikte bei der Windkraftnutzung sind gegeben, wenn Belange des Denkmalschutzes gegen eine Windkraftanlage sprechen. Es besteht die Gefahr, dass die Eigenart der Landschaft und der Erholungswert beeinträchtigt oder das Orts- und Landschaftsbild verunstaltet wird.[38] Der „Erlaubnisvorbehalt" bei der Beeinträchtigung von Baudenkmälern (nach Art. 6 BayDSchG) ist gegeben, wenn sich eine Windkraftanlage auf den Bestand oder das Erscheinungsbild des Denkmals (negativ) auswirken kann. Eine Nichtgenehmigung ist die Folge, wenn auch die

---

[31] Vgl. Job, H., Mayer, M. 128-130.
[32] Vgl. Bayrisches Landesamt für Denkmalpflege (2012). Beratungsrichtlinie 01 / 2012. Erneuerbare Energien. S. 1; S. 6.
[33] Vgl. Bosch, S., & Peyke, G. (2011).
[34] Vgl. Job, H. & Mayer, M. (2013) , S. 128.
[35] Vgl. Wagner, B. (2009).
[36] Vgl. Bayrisches Landesamt für Denkmalpflege (2012). Beratungsrichtlinie 01 / 2012. Erneuerbare Energien. S. 1.
[37] Vgl. Øverland, B. D. UVS 15 Schutzgut Kulturgüter und sonstige Sachgüter. S. 6.f.;16.f.; 21.
[38] Vgl. Bosch, S., & Peyke, G. (2011).

besondere Wirkung des Denkmals auf seine Umgebung beeinträchtigt wird.[39] Die besondere Wirkung eines Denkmals ist daher (nach bayerischem Recht) einzeln zu prüfen. Die Kombination von mehreren Denkmälern kann dazu führen, dass ein Gesamtgebilde gegeben ist. Dieses künstlerische Landschaftsbild[40] muss vor dem negativen Einfluss der Windkraftnutzung bewahrt werden. Die Wirkung des Denkmals kann übertönt, erdrückt oder verdrängt werden, wodurch die Wirkung des Denkmals verloren geht. Der Denkmalschutz begründet die Versagung der Baugenehmigung von Windkraftanlagen damit, dass eine Verunstaltung der Orts- und Landschaftsbilder vermieden werden soll.[41] Dieses Kriterium ist wieder eine Einzelfallentscheidung.[42]

Trotz des Konfliktes zwischen Windkraftnutzung und Denkmalschutz hat sich Bayern das Ziel gesetzt, bis 2021 die Hälfte seines Energiebedarfs aus Strom durch erneuerbare Energien zu gewinnen.[43] und das, obwohl die niedrigen Windgeschwindigkeiten in Bayern nur wenig Spielraum für eine wirtschaftliche Windnutzung lassen.

Fakt ist, dass Belange des Denkmalschutzes dem Bau einer Windkraftanlage entgegenstehen können.[44]

---

[39] Vgl. Dirnberger, F., Hesse, C., Hummel, M., Schubert, M., & Linhart, J. (2012) , S. 30.
[40] http://lexegese.blogspot.de/2013/08/bayvgh-belange-des-denkmalschutzes.html (05.06.2014).
[41] Vgl. Job, H. & Mayer, M. (2013) , S. 130 ; S. 133.
[42] Vgl. http://lexegese.blogspot.de/2013/08/bayvgh-belange-des-denkmalschutzes.html (06.06.2014).
[43] Vgl. Dirnberger, F., Hesse, C., Hummel, M., Schubert, M., & Linhart, J. (2012) , S. 1.
[44] Vgl. http://lexegese.blogspot.de/2013/08/bayvgh-belange-des-denkmalschutzes.html (04.06.2014).

Anhang

Abb.

http://geoportal.bayern.de/energieatlas-karten/?0 (20.05.2014).

Der Energieatlas für Bayern soll zeigen, wie viel Ertrag durch die Windkraftnutzung gegeben ist. Diese Windpotenzialkarte zeigt, dass in 100 m Höhe eine Windkraftnutzung mit Windgeschwindigkeiten zwischen 4,0 m/s bis höchstens 6,5 m/s möglich ist.

Literaturverzeichnis

Bayrisches Landesamt für Denkmalpflege (2012). Beratungsrichtlinie 01 / 2012. Erneuerbare Energien. Solarthermie, Photovoltaik, Windkraft, Geothermie und Energie aus Biomasse in denkmalgeschützten Bereichen.

Bayerische Staatsregierung (o.J.) Datenbank: BAYERN-RECHT. Zugegriffen am 15. Mai 2014 über http://www.gesetze-bayern.de/jportal/portal/page/bsbayprod.psml?doc.id=MWRE130002261&st=ent&showdoccase=1&paramfromHL=true.

Bosch, S., & Peyke, G. (2011). Regionalplanerische Einstufung der Windenergie in Deutschland-Visualisierung konkurrierender Flächennutzungsansprüche an On-und Offshore-Standorten mittels GIS. Wichmann Fachmedien-Angewandte Geoinformatik 2011.

Dirnberger, F., Hesse, C., Hummel, M., Schubert, M., & Linhart, J. (2012). Windkraftanlagen in der Bayerischen Kommune: Planung, Errichtung, Betrieb einer Windkraftanlage: Aktive Steuerung und Gestaltungsmöglichkeiten mit dem neuen Windkrafterlass 2012. Hüthig Jehle Rehm.

Fabian–Krause, T., & Naturstrom, A. G. (2003). Pro und Contra Windkraft. Die aktuelle Diskussion in Deutschland. Hrsg. von der Naturstrom AG.[oO].

Freier Wald e.V. (o.J.) Tourismus und Windkraftwerke. Zugriff 01. Mai 2014 über http://www.freier-wald-ev.de/Hauptseiten/FWEND_Tourismus.html.

Geoportal (o.J.) Energieatlas. Zugriff am 20. Mai 2014 über http://geoportal.bayern.de/energieatlas-karten/?0.

Job, H. & Mayer, M. (2013). Tourismus und Regionalentwicklung in Bayern. BoD–Books on Demand.

Mutz, B. (2014, 15. Januar). Denkmalschutzrechtliche Risiken für Windenergieinvestoren lassen sich nach Huerkamp und Kühling am besten durch frühzeitiges Aufspüren von Denkmälern minimieren. Zugriff 01. Mai 2014 über http://www.bayernportal.jurion.de/news/?user_aktuelles_pi1%5Baid%5D=285131&cHash=6 e71e0d9fb0dadc4545136909076c301.

Lexegese (2013, 21. August) BayVGH: Belange des Denkmalschutzes können im Einzelfall die Errichtung einer Windkraftanlage verhindern. Zugriff am 04. Mai 2014 über http://lexegese.blogspot.de/2013/08/bayvgh-belange-des-denkmalschutzes.html.

Øverland, B. D. UVS 15 Schutzgut Kulturgüter und sonstige Sachgüter.

Regionalplaner Planungsverband Regensburg (2013). Regionalplan Region Regensburg (11): Änderung Kapitel B X Energieversorgung
Neuaufstellung Teil B X 1. 2 Windkraft: Regionaler Teilraum:
Landkreis Neumarkt i.d.OPf.: - E N T W U R F -:
Fassung gemäß Beschluss: des Planungsausschusses vom:
22. Juli 2013: Anhörungsverfahren.

Roth, E., & Hahn, M. (2014). Denkmalpflege und Windenergie. Kulturdenkmale und landschaftliche Integrität. Denkmalpflege in Baden-Württemberg–Nachrichtenblatt der Landesdenkmalpflege, 42(2), 108-114.

Schödl, D. (2013). Windkraft und Tourismus–planerische Erfassung der Konfliktbereiche. Tourismus und Regionalentwicklung in Bayern, 125-141.

Staatsregierung, B. (2011). Bayerisches Energiekonzept „Energie innovativ". Von der Bayerischen Staatsregierung beschlossen am, 24, 2011.

Wagner, B. (2009). Die Rolle der Länder in der deutschen Kulturpolitik. Kulturpolitische Mitteilungen, 124, 55-58.

BEI GRIN MACHT SICH IHR WISSEN BEZAHLT

- Wir veröffentlichen Ihre Hausarbeit,
  Bachelor- und Masterarbeit

- Ihr eigenes eBook und Buch -
  weltweit in allen wichtigen Shops

- Verdienen Sie an jedem Verkauf

Jetzt bei www.GRIN.com hochladen und kostenlos publizieren